U0027539

# 原來生氣是這樣

## 生氣到要爆炸怎麼辦？

段張取藝 著・繪

【神奇的情緒工廠 1】

# 原來生氣是這樣：生氣到要爆炸怎麼辦？

作　　者　段張取藝
繪　　者　段張取藝
特約編輯　劉握瑜
美術設計　呂德芬
內頁構成　簡至成
行銷企劃　劉旂佑
行銷統籌　駱漢琦
業務發行　邱紹溢
營運顧問　郭其彬
童書顧問　張文婷
第四編輯室副總編輯　張貝雯
出　　版　小漫遊文化／漫遊者文化事業股份有限公司
地　　址　台北市103大同區重慶北路二段88號2樓之6
電　　話　(02) 2715-2022
傳　　真　(02) 2715-2021
服務信箱　runningkids@azothbooks.com
網路書店　www.azothbooks.com
臉　　書　www.facebook.com/azothbooks.read
服務平台　大雁文化事業股份有限公司
地　　址　新北市231新店區北新路三段207-3號5樓
書店經銷　聯寶國際文化事業有限公司
電　　話　(02)2695-4083
傳　　真　(02)2695-4087
初版一刷　2023年11月
定　　價　台幣350元

ISBN　978-626-97724-0-7（精裝）



國家圖書館出版品預行編目 (CIP) 資料

原來生氣是這樣：生氣到要爆炸怎麼辦? / 段張取藝著. 繪. -- 初版. -- 臺北市 : 小漫遊文化, 漫遊者文化事業股份有限公司, 2023.11
面； 公分. -- ( 神奇的情緒工廠 ; 1)
ISBN 978-626-97724-0-7 ( 精裝)
1.CST: 育兒 2.CST: 情緒教育 3.CST: 繪本
428.8　　112013882

明明作業已經寫完了！

為什麼不讓我出去玩！

好生氣！好生氣！

不想坐！不想站！

只想發脾氣！

# 好氣！好氣！

有好多事情，只要一想到就氣得不得了！

睡得正香時被吵醒。

來家裡的客人隨意進出我的房間。

還不經同意就玩我最喜歡的玩具。
這是我的！

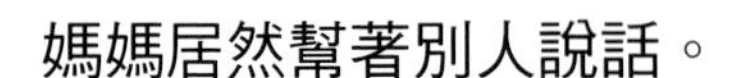

媽媽居然幫著別人說話。

讓客人玩一下有什麼關係？

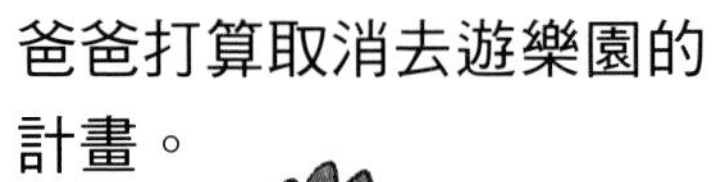

爸爸打算取消去遊樂園的計畫。

在我的強烈抗議下終於能去玩了，但爸爸還在刮鬍子。
快一點啦！

天氣又悶又熱，一直被擠來擠去，我好想發脾氣。

排了很久的隊，好不容易快到我的時候被人插隊。

終於買到喜歡的零食，打開卻發現有一半都是空的。

別人弄髒了我剛買的新衣服！

玩得正開心時，媽媽叫我回房間寫作業。

好不容易寫完的作業卻被媽媽說字跡潦草，還要重新寫一遍！

肚子餓得咕咕叫，結果最喜歡的菜裡被放了最討厭的蔥花，我感覺自己就要發火了！

爸爸還說我為了一點小事就亂發脾氣。

沒有睡好，玩得不開心，吃得不開心，還不准生氣，我真的要氣炸了！

每個人都有自己的壞脾氣，生氣的時候，就好像隨時都要**爆炸**！

# 隨時要爆炸的身體

「生氣」是一種非常激烈的情緒。生氣時，我們全身的反應都會傳遞出一個訊號：我現在要氣炸了！

**臉部表情**

眉毛下壓成倒八字，怒目圓睜，嘴唇和下巴收縮變緊。

**心血管系統**

心跳加快，血壓升高，體溫也會升高。

**皮膚**

臉和身體都會發紅。

**呼吸系統**

呼吸節奏變快。

**肢體**

全身肌肉緊繃，為戰鬥做準備。

**語言表達**

說話語速加快，音量也會加大。

發脾氣
表現出對其他人和物品造成
傷害或威脅的攻擊行為。
生氣炸彈一旦
爆炸，人就可能
發脾氣，毀壞東西，
還可能傷害自己或
他人！
大吼大叫
拳打腳踢
亂摔亂砸
滿地打滾

# 從一點點火到完全爆炸

一旦開始生氣，情緒就有可能像火山一樣爆發！

## 激烈爆發

氣憤和憤怒是當不滿、生氣的情緒不停累積，或非常在意的事沒有被滿足時產生的，通常有可能會造成不好的後果。

## 普通爆發

不滿和生氣是在被冒犯時會產生的正常情緒，一般情況下不會造成危害。

氣憤：很生氣，心情激動，開始發脾氣。比如玩遊戲時被同學故意排擠。

不滿：不高興，心裡不舒服。比如正在看電視時被要求去刷牙。

生氣：很不高興，很想發脾氣。比如背後被人貼了畫著小烏龜的便條紙。

失控爆發
暴怒產生的主要原因是人不能控制好自己的情緒，跟遇到的事情沒有太大關係。有的人就是會因為很普通的事而暴怒。
暴怒：不受控制的憤怒，情緒非常激烈。
憤怒：非常生氣，大發脾氣。比如爸爸答應考第一名就可以買新玩具，但是好不容易考到第一名，爸爸卻食言了。
看到有人生氣到快要爆炸，我只想趕快逃走！

# 生氣的生理原因

我們生氣時的這些激烈反應，其實是人類在進化過程中產生的重要功能，可以說，生氣是我們的本能。

## 進化出的生物本能

人類祖先在遇到可控制範圍內的危險時，就會產生「生氣」這種有攻擊性的反應。這種反應能使他們看起來很恐怖，進而讓危險的來源感到害怕，不敢傷害他們。

生氣讓我們的遠古祖先戰鬥力更強，可以打到更多獵物，爭奪到更多地盤！

我們的大腦保留了主管生氣情緒的結構，所以現在再遇到危險的時候，大腦還是會控制我們做出和遠古祖先一樣的反應。

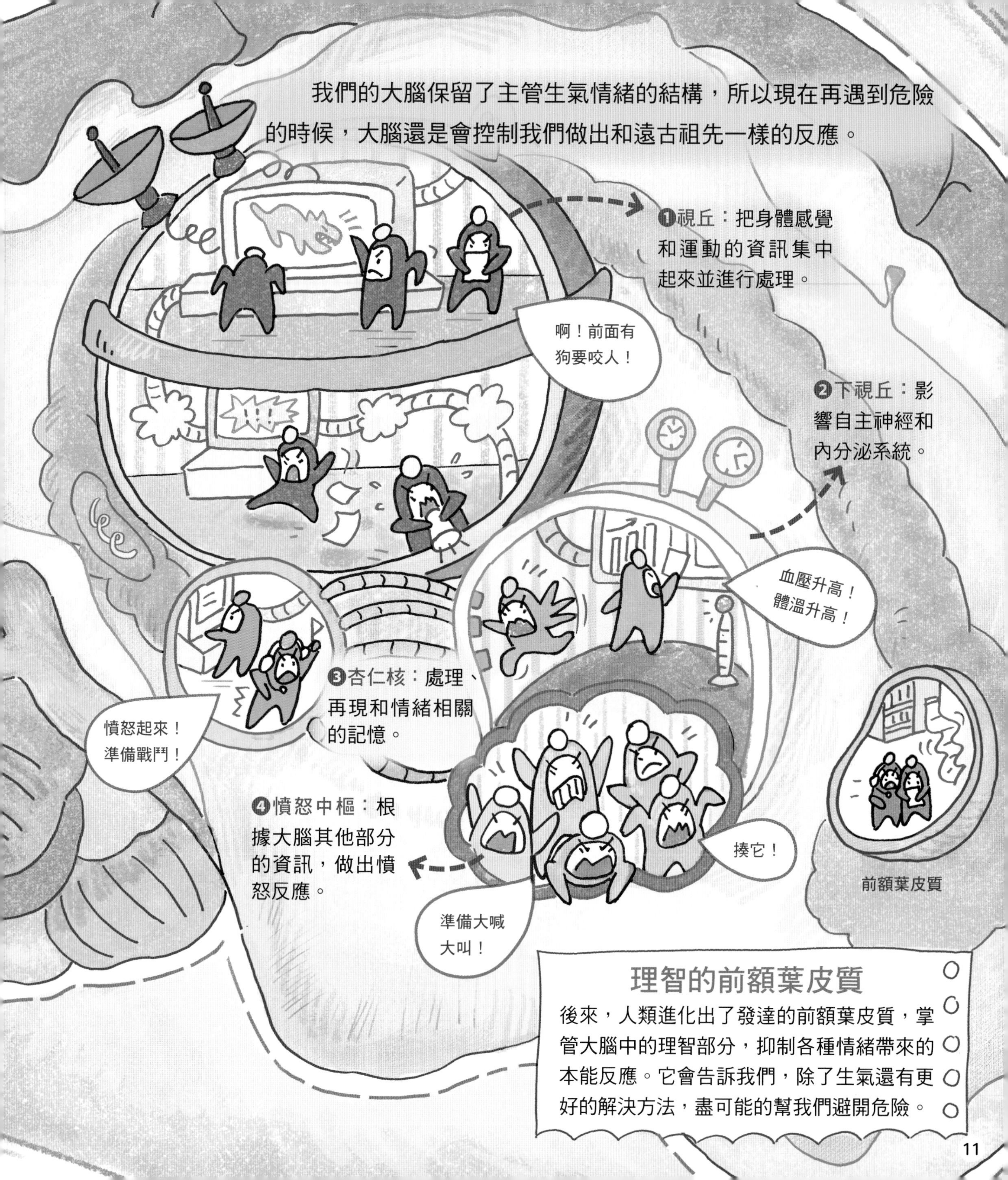


## 理智的前額葉皮質

後來，人類進化出了發達的前額葉皮質，掌管大腦中的理智部分，抑制各種情緒帶來的本能反應。它會告訴我們，除了生氣還有更好的解決方法，盡可能的幫我們避開危險。

# 生氣的心理原因

除了面對危險時會本能的生氣，我們還經常因為各種亂七八糟的事而氣得不得了，這是因為還有更複雜的心理原因讓我們忍不住想生氣！

## 生氣的心理原因

因他人的原因導致自己的利益受到侵犯，或是達到目的的過程受到阻礙時，就容易產生憤怒情緒。

### 身體被故意傷害

被亂扔的瓶子砸到。

莫名其妙的被撞到。

### 個人物品受到侵犯

玩具被別人破壞。
別人不經允許就亂翻自己的書桌。

### 人格受到傷害

臉上被人惡意的亂畫並嘲笑。

達到目的的過程被阻礙

想看舞臺表演但一直有人擋在前面。

想出去玩卻出不去。

爸爸答應買玩具給我卻反悔了。

當我們慢慢長大，會發現讓人生氣的原因可能越來越複雜。

自己遵循的規則被破壞

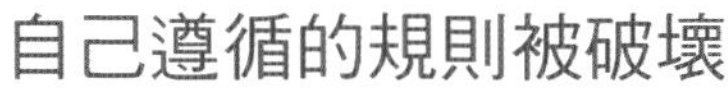

看到同學考試作弊。

看到有人欺負別人。

# 生氣催化劑

讓人生氣的事本來就夠多了，如果身體和環境再出狀況，我們會比平時更容易發脾氣！

不好好吃飯、睡覺，真的更容易變成發脾氣大王！

## 肚子餓

飢餓會讓人血糖降低。低血糖時，人會更容易發怒。

## 沒睡好

睡眠不足會導致人體內分泌失調，這時人的情緒會變得不穩定，就更容易想要發脾氣。

天氣太熱
高溫會讓人煩躁不舒服，
這時更容易發脾氣。
有研究資料顯示，天氣一直很熱的話，打架的人都會變多！
經常和暴躁的人在一起
人會不自覺的模仿別人的行為，包括引發情緒的行為。經常和愛生氣的人待在一起，也會變得容易發脾氣。
如果爸爸媽媽愛發脾氣，小朋友可能也會變得愛生氣哦！

# 糟糕的生氣方式

如果我們用糟糕的方式生氣，這些氣還會「加倍奉還」，本來沒那麼氣也會變得非常生氣，氣得一發不可收拾！

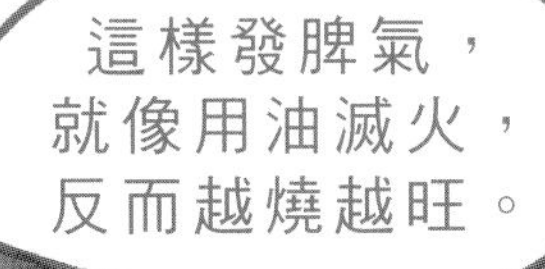

這樣發脾氣，
就像用油滅火，
反而越燒越旺。

## 越發脾氣越生氣

如果用摔摔打打這類強烈的攻擊性行為發脾氣的話，反而會感覺越來越生氣。

## 生悶氣——越想越氣

如果把怒氣都憋在心裡，沒有發洩出去，事情也沒有得到解決，會讓情緒在心裡累積，小氣變成大氣。

生悶氣時，惹我們生氣的人還不知道我們在氣什麼，會讓人更生氣！

# 裝出來的生氣

有的人明明沒有生氣的理由，卻故意表現出生氣的樣子。這樣做，其實主要是為了掩飾自己在害怕的事實。

## 怕被批評

做錯事情怕承擔後果，就用生氣「先發制人」，試圖將責任轉移到別的地方。

這個花瓶也太脆弱了吧！

這個削鉛筆機太容易壞了！

明明不是我吃的！

不小心犯了錯還裝生氣，會讓別人也更生氣！

## 怕被嘲笑

搶先表現出生氣的樣子，
讓別人不敢嘲笑自己。

是誰把臺階
蓋這麼高！
我才沒有害怕呢！

## 怕被質疑

怕別人質疑自己的能力，會
用生氣來假裝自己很有威嚴。

聽我的！都快去操場！
真正有能力
的人是不需要用
生氣來偽裝
自己的！

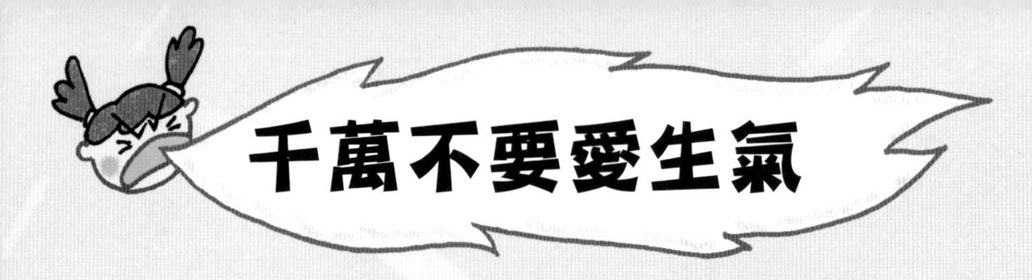

# 千萬不要愛生氣

偶爾生氣不會有太大的影響，但如果經常發生氣，甚至大發脾氣，會給身體、認知和人際關係都帶來危害！

## 引發胃病

生氣會使胃酸大量分泌，時間一長，就可能導致消化性潰瘍。

## 血壓升高

生氣時身體會分泌大量的腎上腺素，導致血壓升高。如果血壓長時間反覆升高，最終可能會導致高血壓。

## 皮膚變差

暴怒的情緒會讓人臉部色素沉澱，加重皮膚問題，時間久了，氣色就會慢慢變差。

## 危害心臟

憤怒時，大量的血液會衝向大腦、臉部和四肢，供應心臟的血液就跟著減少，長期下來，很容易患上心臟疾病。

小時候養成愛發脾氣的壞習慣，長大後身體可能更容易生病！

## 更容易犯錯

生氣狀態下，人的自我管理能力和客觀觀察能力會降低，可能因此做出錯誤的決定。



## 會失去朋友

總是發脾氣會傷害到身邊的人，讓他們也跟著生氣，或者覺得傷心，時間久了，就容易沒有朋友。

壞脾氣實在是太可怕了，我們千萬不能被它控制！

# 消滅壞脾氣怪獸

雖然壞脾氣是一種很激烈的負面情緒，但我們還是有很多辦法可以消滅這個小怪獸！

## 環境調節法

離開產生生氣情緒的空間，可以讓情緒得到緩和，如果去到一個空曠的環境，心情可以更加平靜。

去花海中。

去草地上。

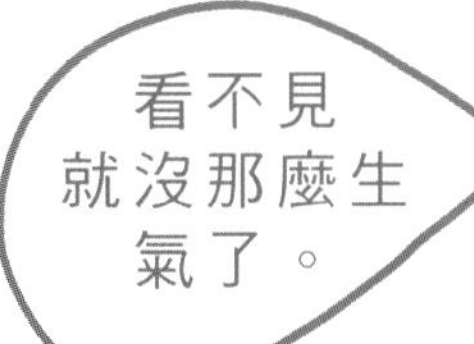
看不見
就沒那麼生
氣了。

去田野間。

去海邊。

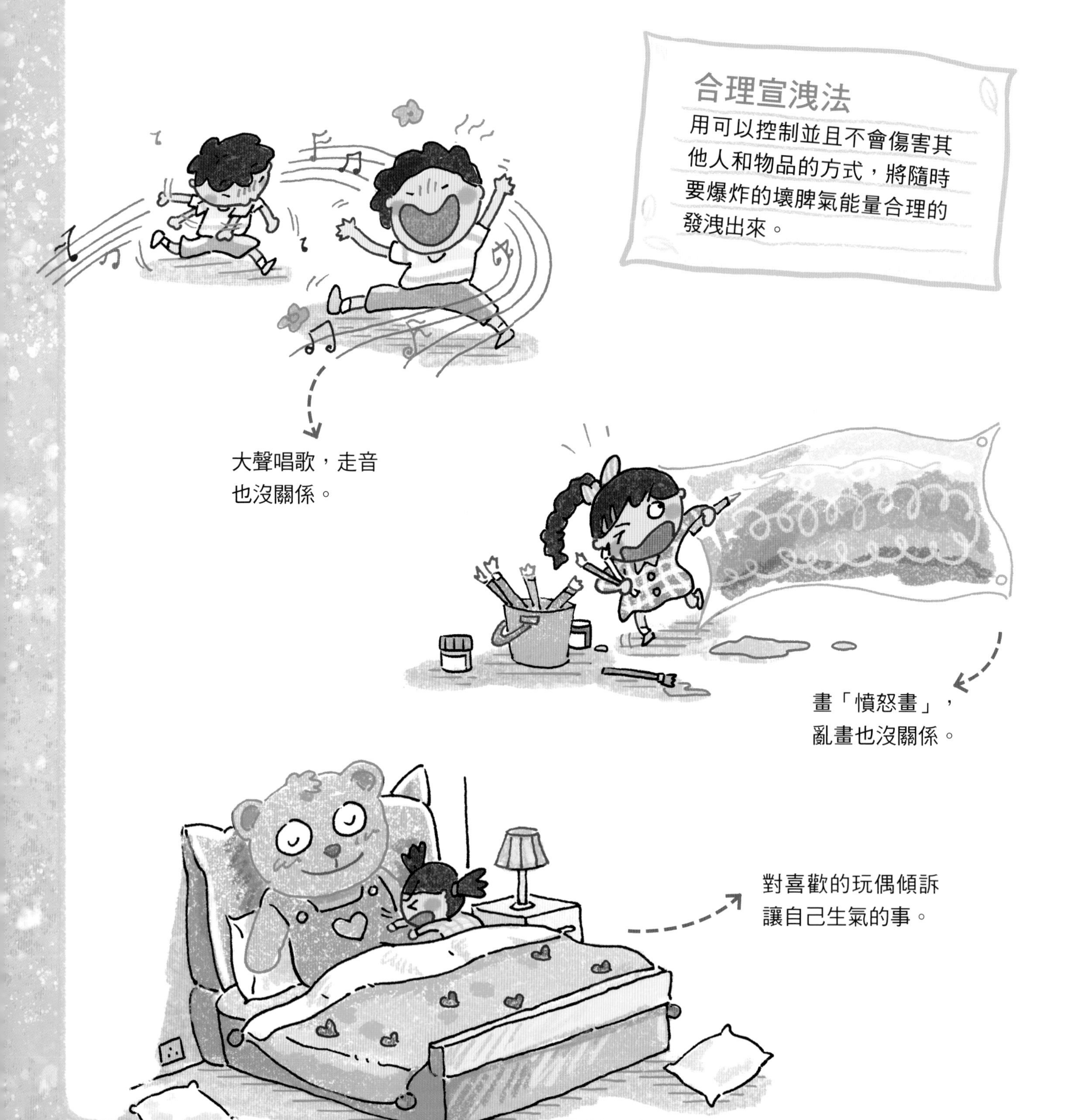
合理宣洩法
用可以控制並且不會傷害其他人和物品的方式，將隨時要爆炸的壞脾氣能量合理的發洩出來。
大聲唱歌，走音也沒關係。
畫「憤怒畫」，亂畫也沒關係。
對喜歡的玩偶傾訴讓自己生氣的事。

把所有玩具都擺出來再
整齊的放回去。

做一些運動，比如慢跑、騎自
行車、跳舞等等。

心裡的氣慢慢釋
放出來後，會感覺
舒服很多。

## 主動溝通法

大部分的氣是被別人惹出來的，解決這種氣，最好的方法就是主動溝通。把生氣的理由說出來，解決問題本身，生氣的情緒也會跟著消除。

比如，跟朋友約好了一起去玩，等了很久對方卻沒有出現，而且也連絡不上。

第一步：清楚表達出「我生氣了」，並說清楚對方讓自己生氣的行為是什麼。

昨天我們約好了一起出去玩，但是你沒有來，我很生氣！

第二步：說明這些行為對自己帶來了什麼影響。

我等了整整一下午，哪裡都沒有去。

第三步：說出自己的需求。

我希望你解釋清楚為什麼沒有來。

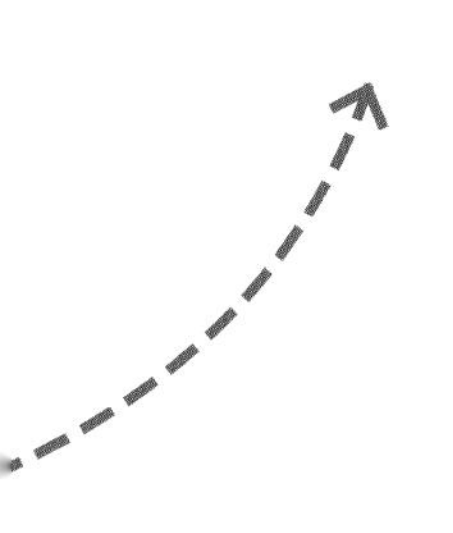

對不起，我昨天去幫外婆過生日了，我本來以為是下週二，是我記錯了……

第四步：一起討論出一個雙方都可以接受的合理解決方案。

那我們下週末再一起出去玩吧！這次我一定不會讓你等了！

比起發脾氣，我們當然更希望能繼續和好朋友一起玩耍呀！

# 生氣故事集

關於「生氣」，歷史上有很多小故事。

## 眾人的怒氣

戰國時期，鄭國大夫子孔想用一部盟書來掌控國家政權，所有人都因此而憤怒。最終，他為了鄭國的安定，還是燒毀了盟書。

## 天子的氣，布衣的氣

戰國時期，秦王因安陵國不肯交出土地，生氣的說要攻打安陵國。安陵國使者唐雎不僅沒被嚇到，反而立刻以平民生氣的後果來威脅，讓秦王都感到害怕。

## 周瑜的氣量並不小

「周瑜被諸葛亮氣死」的傳言只是小說裡的劇情，歷史上的周瑜心胸開闊，實際上他是病死的。

## 愛發脾氣的張飛

蜀漢名將張飛非常勇猛，但脾氣也很暴躁。他經常對部下發脾氣，最後他的部下忍無可忍，偷偷殺掉他。

## 衝冠一怒為紅顏

明末，吳三桂因為聽說父親被關押、愛妾陳圓圓被搶走，一怒之下，他打開山海關放清軍入關，清軍由此順利入主中原。

## 林則徐的「制怒」

清末，林則徐直言不諱、疾惡如仇，卻也很愛發脾氣，所以他在自己的房間掛了「制怒」兩個字，提醒自己要心平氣和。

# 各國生氣大不同

## 不要隨便摸別人的頭

在中國大部分地區，摸小孩子的頭代表對小孩子的喜愛。不過在泰國、柬埔寨等地方，隨便摸別人的頭則是一種會讓人憤怒的侵犯行為。

## 小心拇指

一般情況下，豎起的拇指表示讚美，但在伊朗等中東地區的傳統文化裡，朝別人豎起拇指則是一種挑釁行為，對方很可能會生氣。

## 比「耶～」也要小心

在澳大利亞、英國等地的風俗中，以食指及中指比「耶～」時，如果手背朝外、手心朝裡，就變成一個會讓人生氣的手勢。

## 憤怒的牙齒

在印尼，小孩子成年時需要把牙齒磨平，因為他們認為尖尖的牙齒代表憤怒、嫉妒、貪婪等「惡性」。

## 讓人生氣的串門

在藏族習俗中，當家裡有病人時，陌生人是不能進門的。如果你冒冒失失的闖進病人的家裡，對方可能會非常生氣。

## 好像很氣但並不氣

在中國，有一個民族叫怒族，這個怒不是指生氣，只是他們的自稱。怒族語言中，他們自稱「a nu」，音譯為「阿怒」。

# 氣呼呼的動物們

## 生氣的烏鴉會記仇

烏鴉非常記仇，如果惹烏鴉生氣了，牠可能會連續幾年不停的攻擊報復，甚至會聯合牠的同伴一起。

## 憤怒的鸚鵡會「開花」

葵花鳳頭鸚鵡頭上有漂亮的羽冠，憤怒時，牠們的羽冠會豎起來，看上去就像盛開的黃色葵花。

## 互相誤解的貓狗會打架

貓生氣時尾巴會猛烈的擺動，而狗越開心越會搖尾巴，所以貓和狗有時會因為表達情緒方式不同，誤解對方意思而打架。

氣呼呼的章魚會變色
有些章魚會因為外在環境跟情緒變化而變色。
生氣的變色龍會變色
變色龍情緒發生波動時會變色，比如生氣時有些變色龍可能會變成黑色。
生氣的牛很可怕
據說牛看見紅色會生氣，但實際上牛是色盲，根本分辨不出紅色。不過移動的物體會讓牠們感覺受到了威脅，所以在鬥牛場上，牛是因為看到揮動的布才生氣攻擊的。

小遊戲
放學時，好朋友不僅沒有等我，追著他叫了半天也不理我，太生氣了！如果你是我，第二天見到對方，你會有什麼反應呢？
還在生氣嗎？
小事而已，不氣了
不行，還是生氣
你打算怎麼做呢？
直接發火
先冷靜一下
要不要和對方溝通一下呢？
要
不要
是大喊大叫，先發洩情緒再說，還是冷靜一點，說出自己的想法呢？
大喊大叫
冷靜一點
對方打算解釋一下原因，要不要聽呢？
不聽不聽
聽一下吧

不生氣當然最好啦，如果真的生氣了，溝通是最有效的辦法哦。

# 【神奇的情緒工廠】（全6冊）

為什麼情緒一上來，身體跟心裡都變得好奇怪？
情緒的十萬個為什麼，讓大腦來告訴你！

★科學角度完整介紹6大基本情緒，兒童成長必備的心理百科
★20個實用情緒管理小技巧×98則中外趣味小故事
★〔套書特別加贈〕：《情緒百寶箱》遊戲小冊，
涵蓋四大主題的的14個紙上活動，幫助孩子練習辨認與調節情緒

## 原來生氣是這樣：

### 生氣到要爆炸怎麼辦？

有好多事情，一想到就氣得不得了！
每個人都有生氣的時候，
甚至可能會抓狂暴怒。
其實，生氣是人類保護自己的本能反應，
不過，如果經常大發脾氣，
對身體、認知和人際關係都會造成傷害，
一起來看看該如何消滅
身體裡的壞脾氣怪獸吧。

## 原來害怕是這樣：

### 害怕到發抖該怎麼辦？

有好多東西，一想到就害怕得不得了
害怕是每個人都會有的情緒
每個人害怕的東西都不同，
有時候害怕可以幫助我們遠離危險，
但是如果只會逃避，問題會一直存在，
甚至留下心理陰影！
有一些很棒的方法可以戰勝害怕，
一起來看看吧！

## 原來快樂是這樣：

### 不能夠一直開心嗎？

開心的事情真的好多好多，多到數都數不完！
當我們感到快樂的時候，身體會充滿能量，
大腦也會給予「獎勵」，帶給我們快樂的感受。
除此之外，
快樂也是治癒壞情緒的良藥，
一起來學習如何常常保持愉快的心情，
對身體健康及人際關係都很有幫助喔。

## 原來悲傷是這樣：

### 想讓難過消失該怎麼辦？

悲傷的時候 ，世界彷彿都變成了灰色……
悲傷是唯一一種會造成身體能量流失的情緒，
雖然我們無法阻止令人悲傷的事情發生，
但有一些方法可以緩解難過的情緒，
讓我們的心情變得好起來。
難過的時候，
試試看這些「悲傷消失術」吧。

## 原來討厭是這樣：

### 遇上討厭的事物只能躲開嗎？

世界上為什麼有那麼多討厭的東西呢
一旦我們碰到自己討厭的東西
不只情緒會產生強烈的抗拒反應
就連身體也會覺得很不舒服。
該怎麼克服討厭的感覺，
是一門需要努力學習的大學問呢！

## 原來驚奇是這樣：

### 遇上沒想到的事情只能嚇一跳嗎？

原來世界上有那麼多讓人驚奇不已的事情！
從遠古時代開始，
「驚奇」就存在人類的身體裡，
專門用來應對各種意想不到的突發情況。
當意料之外的事情發生時，
驚奇就會立刻現身！
學習時刻保持對世界的新鮮感，
生活就會處處是驚奇唷！